BEI GRIN MACHT SICH IHR WISSEN BEZAHLT

- Wir veröffentlichen Ihre Hausarbeit, Bachelor- und Masterarbeit

- Ihr eigenes eBook und Buch - weltweit in allen wichtigen Shops

- Verdienen Sie an jedem Verkauf

Jetzt bei www.GRIN.com hochladen und kostenlos publizieren

Bibliografische Information der Deutschen Nationalbibliothek:

Die Deutsche Bibliothek verzeichnet diese Publikation in der Deutschen National-
bibliografie; detaillierte bibliografische Daten sind im Internet über http://dnb.d-
nb.de/ abrufbar.

Dieses Werk sowie alle darin enthaltenen einzelnen Beiträge und Abbildungen
sind urheberrechtlich geschützt. Jede Verwertung, die nicht ausdrücklich vom
Urheberrechtsschutz zugelassen ist, bedarf der vorherigen Zustimmung des Verla-
ges. Das gilt insbesondere für Vervielfältigungen, Bearbeitungen, Übersetzungen,
Mikroverfilmungen, Auswertungen durch Datenbanken und für die Einspeicherung
und Verarbeitung in elektronische Systeme. Alle Rechte, auch die des auszugsweisen
Nachdrucks, der fotomechanischen Wiedergabe (einschließlich Mikrokopie) sowie
der Auswertung durch Datenbanken oder ähnliche Einrichtungen, vorbehalten.

Impressum:

Copyright © 2013 GRIN Verlag, Open Publishing GmbH
Druck und Bindung: Books on Demand GmbH, Norderstedt Germany
ISBN: 9783668256729

Dieses Buch bei GRIN:

http://www.grin.com/de/e-book/323867/die-muskelfaser-aufbau-funktion-und-
herstellung-eines-modells

Stefan Berktold

Die Muskelfaser. Aufbau, Funktion und Herstellung eines Modells

GRIN Verlag

GRIN - Your knowledge has value

Der GRIN Verlag publiziert seit 1998 wissenschaftliche Arbeiten von Studenten, Hochschullehrern und anderen Akademikern als eBook und gedrucktes Buch. Die Verlagswebsite www.grin.com ist die ideale Plattform zur Veröffentlichung von Hausarbeiten, Abschlussarbeiten, wissenschaftlichen Aufsätzen, Dissertationen und Fachbüchern.

Besuchen Sie uns im Internet:

http://www.grin.com/

http://www.facebook.com/grincom

http://www.twitter.com/grin_com

Die Muskelfaser - Aufbau und Funktion

Stefan Berktold

Inhaltsverzeichnis

1 Einleitung

Jeder Tag unseres Lebens ähnelt in einer Hinsicht jedem anderen: Wir stehen, gehen, greifen oder tragen Objekte - wir bewegen uns. Aber wie ist das alles überhaupt möglich? Was geschieht eigentlich in uns und welche Vorgänge laufen für die kleinste Muskelbewegung tatsächlich ab?

Der menschliche Körper ist ein so komplexer Organismus, dass es nie möglich sein wird, die Einheit aller in ihm ablaufenden Mechanismen zu verstehen. Es ist wahrlich eine unlösbare Aufgabe, jeden einzelnen Prozess in diesem Objekt zu erfassen. Der Aufbau und die Funktion des Menschen ist so faszinierend, dass es niemals uninteressant werden kann, ihn zu begreifen.

Vermutlich weckte auch dieser Fakt das Interesse in mir, mehr über mich selbst zu erfahren. Die Muskulatur des Menschen ist viel zu kompliziert, um sie in wenigen Worten zu beschreiben. Man muss auf einzelne Strukturen und Prozesse nach und nach eingehen, um ihn Schritt für Schritt besser zu verstehen. Aus diesem Grund beschränkt sich diese Arbeit auf einen kleineren Teil in der Skelettmuskulatur, die Muskelfaser.

2 Theoretischer Teil

2.1 Der Aufbau der Muskelfaser

2.1.1 Die Muskeltypen

Jeder Muskel arbeitet anders und so gilt: Muskel ist nicht gleich Muskel. Zunächst ist zu erwähnen, dass man zwischen der glatten, der quergestreiften und der Herzmuskulatur unterscheidet.

Die voluminöseste Einheit der Muskulatur übernimmt die quergestreifte Muskulatur, auch Skelettmuskulatur genannt. Zu ihr gehören größtenteils die erkennbaren Muskelgruppen, wie bspw. die Waden-, Oberschenkel-, Bauch-, Arm-, Nacken- oder Rückenmuskulatur. Sie „sind die willkürlich steuerbaren Teile der Muskulatur und gewährleisten die Beweglichkeit des Tieres"[1] bzw. des Menschen. Es handelt sich somit um die Muskeln, über deren *Kontraktion* (vgl. WbE. 1) das Säugetier selbst entscheiden kann.

Der glatten Muskulatur sind dagegen die Muskeln zuzuordnen, welche willkürlich kontrahieren und als nicht steuerbar gelten. Zu ihr gehören vor allem Muskeln, die für Vorgänge <u>im Inneren</u> unseres Körpers zuständig sind, wie z. B. die Darm- oder Magenmuskulatur.

Der Herzmuskel bildet, obwohl er ebenfalls in die quergestreifte Muskulatur einzuordnen ist, einen individuellen Muskeltypen, weil er sich von beiden genannten Arten unterscheidet. Er kontrahiert in einem stets ähnlichen Rhythmus und ist damit <u>nicht</u> willkürlich steuerbar. Ein Muskelkrampf ist nicht möglich.

In dieser Arbeit werden ausschließlich Muskelfasern der Skelettmuskulatur betrachtet.

---

1   Wikimedia Foundation Inc., 2013, Histologie

2.1.2 Allgemeines

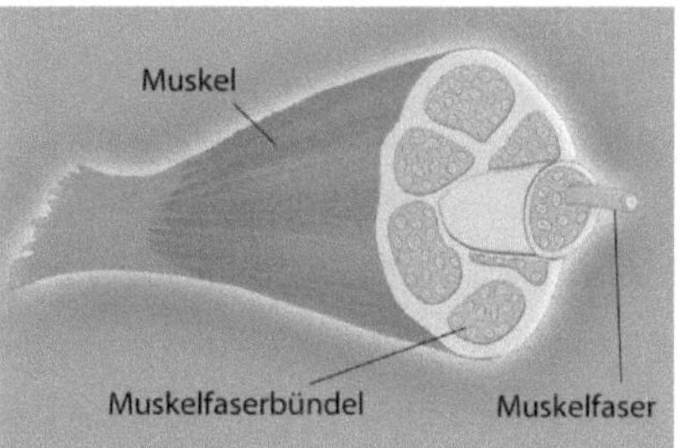

Abb. 1: Grober Aufbau eines Muskels

Ein Skelettmuskel besteht, wie Abb. 1 in vereinfachter Weise zeigt, aus mehreren Muskelfaserbündeln. Um den gesamten Muskelstrang, das heißt die Muskelfaserbündel und die dazwischen verlaufenden Nervenfasern, Arterien und sonstigen Blutgefäße, zusammenzuhalten, wird er von einer Muskelhaut, der sog. *Fascie*, welche aus Bindegewebe besteht, umgeben. Die individuellen Muskelfaserbündel umschließen jeweils bis zu zwölf einzelne Muskelfasern und werden durch *verschiedene Schichten* (vgl. WbE. 2) miteinander verbunden. Das kleinste in der oberen Abbildung mit bloßem Auge erkennbare Element zeigt die Einheit im Skelettmuskel, welche in den folgenden Kapiteln analysiert wird, die Muskelfaser.

Sie stellt ein zylindrisches Gebilde dar, das in der Regel den gesamten Muskel durchzieht und somit 0,1 bis maximal 30 cm lang ist. Sie besitzt einen Durchmesser von 10-100 µm und kann in viele weitere Untereinheiten und Bestandteile, wie bspw. das Sarkoplasma, zerlegt werden (vgl. Kapitel 2.1.4).[2][3]

---

2 vgl. Marées/Mester, 1991, S. 47
3 vgl. Laube, 2009, S. 86

2.1.3 Die Muskelfasertypen[4][5][6]

Von Muskel zu Muskel gibt es Unterschiede in der Anzahl an enthaltenen Muskelfasern, in der Länge und Größe dieser, deren Zusammenspiel, Blut- und Sauerstoffzufuhr und vielem mehr. Eine wichtige Rolle im Bezug auf die Maximalkraft und die Ausdauer eines Muskels spielt die Verteilung der Muskelfasern in ihm.

Man unterscheidet grundsätzlich zwischen zwei Typen von Muskelfasern, wobei in Skelettmuskeln <u>immer beide Arten</u> vorhanden sind und nur das prozentuale Verhältnis zueinander unterscheidet, an welche Situationen der jeweilige Muskel besser angepasst ist:

Eigenschaften	Typ I	Typ IIa	Typ IIb
Ausdauer	+++	+	+
Mitochondrienzahl	+++	+++	+
Durchblutung	+++	++	+
Myoglobingehalt	+++	++	+
Fettspeicher	+++	++	+
Glycogenspeicher	+	+++	+++
Phosphatspeicher	+	+++	+++
Durchmesser	+	+++	+++
Kontraktionszeit	+	+++	+++
Kraft	+	+++	+++

Abb. 2: Vergleich Muskelfasertypen

- *Typ-I-Muskelfasern*, auch „rote" oder ST-Fasern (slow-twitch) genannt, kontrahieren langsamer, sind durchschnittlich dünner als andere Fasern und sind auf Dauerbelastungen ausgelegt. Sie verfügen über viele *Mitochondrien* (vgl. WbE. 3), wodurch eine hohe Ermüdungsresistenz und damit ein großes Ausdauerpotential entsteht. Zur optimalen Versorgung der Mitochondrien trägt der relativ hohe *Myoglobingehalt* (vgl. WbE. 4) und eine ebenfalls hohe Dichte der Blutkapillaren (→ Energieversorgung) bei. Die gewonnene Energie kann bei zyklischen Bewegungen, wie dem Laufen oder Radfahren, aufgrund guter Durchblutung sofort genutzt werden. Der größte Anteil der Typ-I-Muskelfasern befindet sich daher in ständig beanspruchten Muskelgruppen, wie z. B. den Beinen, dem Rücken oder dem Bauch, d.h. der Haltemuskulatur.

---

4 vgl. Weineck, 2009, S. 62-65
5 vgl. Behringer, 2013
6 vgl. Dober, 2013

- *Typ-II-Muskelfasern*, auch FT-Fasern (fast-twitch) genannt, kennzeichnen sich durch eine dickere Struktur und schnelleres Kontrahieren. Sie lassen sich in drei Subkategorien unterteilen:

    - Die *Typ-IIx-Muskelfaser* (früher auch *IIb-Fasern* genannt) entspricht der „typischen" FT-Faser. Aufgrund des geringeren Myoglobingehalts erscheint sie heller und wird daher auch „weiße" Muskelfaser genannt. Während die Fasern des Typs I ausdauernd arbeiten, sind diese Fasern auf schnelle Bewegungen mit hoher potentieller Kraftentwicklung ausgelegt (→ Schnellkraft).

    - Die *Typ-IIa-Muskelfaser* ist eine Art Übergangsfaser zwischen dem Typ I und IIx. Ihre Eigenschaften schwanken zwischen denen dieser beiden.

    - Die *Typ-IIc-Muskelfaser* bildet einen „unpräzisen" Fasertypen, der die Fähigkeit besitzt, seine Eigenschaften zu ändern. Er kann die Form der Typ-I- und der Typ-IIx-Faser annehmen und wird daher auch als Intermediärtyp bezeichnet.

  Die Majorität der Typ-II-Muskelfasern liegt in den meist nur kurzfristig beanspruchten Muskeln, wie dem Oberarm, der Schulter oder der Brust, sprich der Bewegungsmuskulatur.

GA. 1 zeigt eine weitere Tabelle, die die Faserarten hinsichtlich der Kontraktionsgeschwindigkeit, der Ermüdbarkeit, dem Blutfluss und einigen spezifischeren Informationen vergleicht. Ihr lässt sich u. a. entnehmen, dass die Typ-IIb-Faser nur bei Nagetieren vorkommt.

Dennoch gilt: Jeder Skelettmuskel enthält jeden Muskelfasertypen. So besteht die Armmuskulatur zwar zu einem größeren Anteil aus den kräftigen Typ-II-Muskelfasern als aus den ausdauernden Typ-I-Fasern, doch trotzdem können wir einen etwas leichteren Gegenstand über längere Zeit halten oder tragen. Umgekehrt gilt dies u. a. auch für unsere Beine.

Jeder genannte Muskelfasertyp besteht aus den gleichen Bestandteilen, der Unterschied liegt lediglich in der Verteilung dieser.

2.1.4 Bestandteile der Skelettmuskelfaser[7][8]

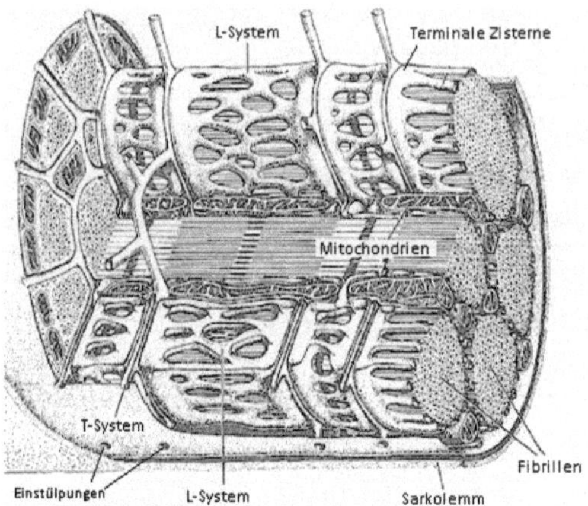

Abb. 3: Querschnitt einer Skelettmuskelfaser

Aufgrund dessen, dass die Muskelfaser viele Zellkerne enthält, wird sie auch *Muskelzelle* genannt. Die für die Steuerung der Muskelzelle verantwortlichen Zellkerne (bis zu 100 Stück) befinden sich direkt unter der „Haut" der Muskelfaser, dem *Sarkolemm*. Rundum dem *Sarkoplasma* (vgl. WbE. 5), einer proteinhaltigen Flüssigkeit im Inneren der Muskelzelle, lagern sich folgende Komponenten an[9]:

- Die *Muskelfibrillen* bzw. *Myofibrillen* sind in ihrer Gesamtheit der größte Bestandteil der Muskelfaser. „Mehrere[n] 100 bis mehrere[n] 1000"[10] ordnen sich mit einem Durchmesser von jeweils etwa 1 µm in Längsrichtung der Muskelzelle parallel zueinander an.[11] Eine Myofibrille setzt sich aus einigen aneinandergereihten *Sarkomeren* zusammen, welche durch sog. Z-Streifen verbunden werden und jeweils eine Länge von „etwa 1,5 µm"[12] aufweisen. GA. 2 zeigt eine schematische Darstellung eines Sarkomers, wobei die dickeren schwarzen Balken die Z-Streifen repräsentieren. Es „besteht aus etwa 2000

---

7   vgl. DocCheck Medical Services GmbH (Hrsg.), 2013, Aufbau
8   vgl. Tripp, 2013
9   vgl. Marées/Mester, 1991, S. 47
10 Weineck, 2009, S. 42
11 vgl. Eichmann, 1998
12 Weineck, 2009, S. 42

dünnen Aktinfilamenten und an die tausend dicken [...] Myosinfilamenten"[13], welche ineinander verschachtelt sind.

- Das *L-System* bzw. *Sarkoplasmatisches Retikulum* ist das glatte endoplasmatische Retikulum der Muskelzelle, ein Gefüge aus kleinen Röhrchen, den longitudinalen Tubuli (*L-Tubuli*), das jede einzelne Muskelfibrille umschließt.
- Das *T-System* ist die Einheit der transversalen Tubuli (*T-Tubuli*), liegt quer zur Längsachse der Muskelfaser und trennt die L-Systeme voneinander. „Die T-Tubuli erreichen die Myofibrillen im Bereich der Z-Streifen"[14], was bedeutet, dass ein L-System genau die Länge eines Sarkomers besitzt (vgl. GA. 3 zur grafischen Anschaulichkeit).
Die *Einstülpungen des Sarkolemms* sind kleine Öffnungen in der Fibrillenhaut, durch die die Röhrchen des T-Systems verlaufen, um alle Muskelfasern zu verbinden. Diese Verbindung ist wichtig, um alle Muskelfibrillen und letztendlich auch Muskelfasern gleichzuschalten und so eine synchrone Kontraktion aller kontraktiler Einheiten, d.h. des gesamten Muskelstrangs, zu ermöglichen.
- Die *terminalen Zisternen* bilden die Enden der L-Systeme und trennen sie vom T-System, sodass keine direkte Verbindung besteht.
- Die *Mitochondrien, Myoglobin, Glykogen* und einige weitere, besonders kleine Zellorganellen und Stoffe.

GA. 4 bildet den allgemeinen Aufbau der Skelettmuskelfaser anschaulich ab. Fibrillen, Sarkolemm, Mitochondrien und die beiden genannten Systeme werden hier dargestellt.
Die Funktionen der aufgeführten Bestandteile werden in folgenden Kapitel genauer untersucht.

---

13 Eichmann, 1998, Aufbau der Skelettmuskulatur
14 Laube, 2009, S. 86

2.2 Die Funktionsweise der Muskelfaser

2.2.1 Die Aufgaben der Bestandteile

- Die *Muskelfibrillen* sind die kontraktilen Einheiten der Faser. Sie werden durch die genannten Stoffe und Systeme versorgt und gesteuert.

- Gibt eine Nervenfaser eine elektrische Erregung an das *T-System* ab, so leitet dieses den jeweiligen Impuls an die longitudinalen Tubuli (L-Systeme) weiter.

- In den *terminalen Zisternen* der L-Systeme befindet sich im entspannten Zustand eine hohe Konzentration an Calcium-Ionen (Ca^{2+}). Die *longitudinalen Tubuli* ermöglichen das Freiwerden dieser. In Kapitel 2.2.2 werden das L-System und die terminalen Zisternen explizit behandelt.

- Die *Mitochondrien* (vgl. WbE. 3) befinden sich zwischen den einzelnen Myofibrillen und sind für die Gewinnung des Energieträgers ATP zuständig. ATP wird im nächsten Kapitel betrachtet.

- *Myoglobin* (vgl. WbE. 4) versorgt die Zelle mit Sauerstoff. Abb. 2 lässt erkennen, dass sich der Myoglobingehalt proportional zur Durchblutung verhält. Je mehr Myoglobin vorhanden ist, desto besser wird die Muskelfaser durchblutet.

- *Glykogen* (vgl. WbE. 6) speichert Energie und stellt diese der Zelle bereit.

2.2.2 Energieumsetzung und Muskelkontraktion[15] [16]

Die grundsätzliche Aufgabe der Muskelfaser ist es, chemische in mechanische Energie umzuwandeln, um die Kontraktion zu ermöglichen. Als Voraussetzung dafür steht die primäre Energiequelle Adenosintriphosphat (ATP), ein besonders energiereiches Molekül, das in den *Mitochondrien* (vgl. WbE. 3) synthetisiert wird, bereit.

Zunächst erfolgt die elektrische Erregung der Muskelzelle, ein äußerst komplizierter „Prozeß

---

15 vgl. Marées/Mester, 1991, S. 54-59
16 vgl. Laube, 2009, S. 88

[sic!], den man als <u>elektromechanische Kopplung</u> bezeichnet" [Hervorh. d. d. Verf.] [17]. Er ist die Startbedingung für die Spaltung von ATP und damit für das Freiwerden von Energie:

Ein Erregungsimpuls gelangt über einen Nerv zu den transversalen Tubuli, welche die Erregung in die Tiefe der Muskelfasern weiterleiten. Diejenigen T-Membranabschnitte, die den terminalen Zisternen gegenüberliegen (vgl. GA. 3), werden depolarisiert, wodurch ein Ca^{2+}-Kanal aktiviert wird. Dieser „kommuniziert" mit dem L-System und bewirkt letztlich, dass die Zellwand des L-Systems für die Ca^{2+}-Ionen, die sich in den terminalen Zisternen befinden (vgl. Kapitel 2.2.1), durchlässig wird. Die Ionen können nun in das jeweils unterhalb der L-Systeme liegenden Sarkomere (d. h. zu den Proteinfäden) *diffundieren* (vgl. WbE. 7), sodass sich die Ca^{2+}-Konzentration dort rapide erhöht.

Um die Umsetzung von chemischer in mechanische Energie zu verstehen, muss das folgende Geschehen auf Ebene der in Kapitel 2.1.4 beschriebenen Aktin- und Myosinfilamente betrachtet werden. Im Anschluss an die elektromechanische Kopplung folgt der <u>Querbrückenzyklus</u> (seltener auch Kreuzbrückenzyklus genannt), in dem die Muskelbewegung vonstattengeht. Er lässt sich, wie Abb. 4 zeigt, in 4 Phasen bzw. Schritte unterteilen:

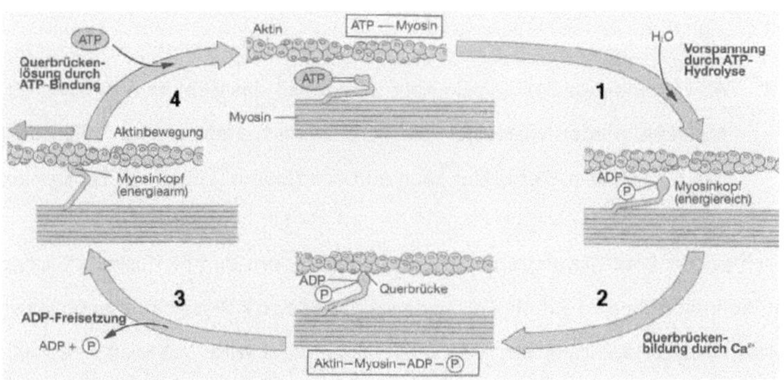

Abb. 4: Der Querbrückenzyklus

Vorerst hat sich ein ATP-Molekül am Myosin-Kopf angelagert. Es besteht lediglich eine Ver-

---

bindung zwischen ATP und Myosin, während die Konformation energiearm ist. Die freigesetzten Ca^{2+}-Ionen aus der elektromechanischen Kopplung aktivieren das Enzym ATPase, welches sich ebenfalls am Myosin-Kopf befindet (→ Ausgangspunkt: Situation vor Schritt 1).

1. Schritt: *ATP-Hydrolyse*: Die ATPase spaltet das am Myosin-Kopf angelagerte ATP-Molekül in Adenosindiphosphat (ADP) und ein Phosphat-Molekül (P$_i$), wobei chemische Energie frei wird. Anschließend befindet sich der Myosin-Kopf daher in einer energiereichen Konformation.

2. Schritt: *Querbrückenbildung*: Der Myosin-Kopf bindet an der Aktin-Bindungsstelle und bildet eine sog. Querbrücke. Diese Bildung ist nur möglich, weil die freigesetzten Ca^{2+}-Ionen die Bindungsstelle für die Myosin-Köpfe frei gemacht haben.[18] Es besteht nun eine Verbindung zwischen Aktin, Myosin, ADP und P$_i$.

3. Schritt: *Filamentbewegung*: Nach der Freisetzung von ADP und P$_i$ kippt der Myosin-Kopf in die energiearme Konformation. Das Aktinfilament wird bei diesem „Kipp"-Vorgang von den Myosin-Köpfen herangezogen, d. h. das Sarkomer verkürzt sich. Das *synchrone Verkürzen aller Sarkomere* (vgl. Kapitel 2.1.4, T-System) stellt letztlich die Verkürzung der Muskels, also die Muskelkontraktion, dar.

4. Schritt: *ATP-Anbindung*: Der Myosin-Kopf wird durch das erneute Anbinden eines ATP-Moleküls wieder freigesetzt. Die Verbindung besteht wieder lediglich zwischen ATP und Myosin. Der Zyklus kann nun von Neuem (bei Schritt 1) beginnen.

Nach Abschluss der Kontraktion transportieren sog. „Calcium-Pumpen" die Ca^{2+}-Ionen wieder zurück in die longitudinalen Tubuli. Folglich wird das Enzym ATPase nicht mehr aktiviert, wodurch letztendlich die Spaltung von ATP (Schritt 1) beendet wird. Des Weiteren sind nun keine Bindungsstellen für die Myosin-Köpfe mehr frei. Dadurch lösen sich die Querbrücken und die Bewegungsrichtung des Aktinfilamentes kehrt sich um - *Muskelrelaxion* (vgl. WbE. 1) findet statt.

---

18 vgl. Marées/Mester, 1991, S. 59

3 Praktischer Teil

3.1 Modellbeschreibung

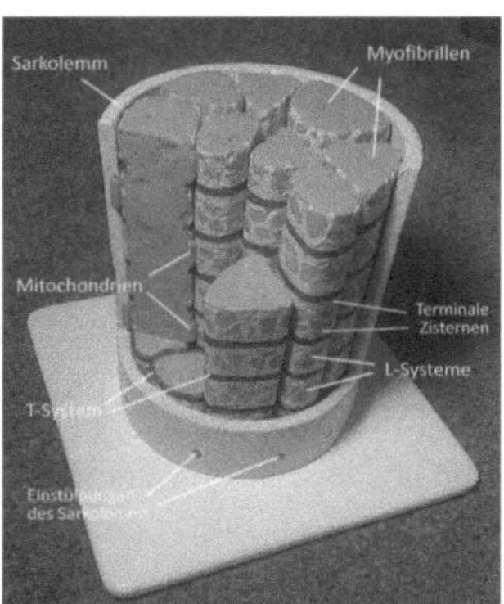

Abb. 5: Modell mit Beschriftungen

Zur Veranschaulichung des Aufbaus der Skelettmuskelfaser (vgl. Kapitel 2.1) fiel die Entscheidung für ein dreidimensionales Strukturmodell, welches im Sinne dieser Arbeit angefertigt wurde. Es stellt die ungefähr 9.000-fach vergrößerte Nachbildung des Querschnitts einer Muskelfaser dar und soll dem Lehr- und Lernzweck dienen. Anwendung sollte dieses Modell nur an Personen bzw. Personengruppen (wie Schulklassen) finden, die bereits über ein gewisses biologisches Vorwissen (Kapitel 2.1.1 u. 2.1.2) verfügen. Es wird zur Verständlichkeit des Modells vorausgesetzt, dass der Betrachter Kenntnis darüber besitzt, auf welcher Ebene sich die Faser in der Skelettmuskulatur befindet.

Anhand dieses Modells kann der allgemeine Aufbau einer Skelettmuskelfaser, welcher hier das nächste kontraktile Gefüge, die Muskelfibrille, und einige weitere funktionale Einheiten (siehe Kapitel 2.1.4) einschließt, leicht und verständlich gelehrt werden. Die Reproduktion der Faser wurde dazu insofern geringfügig vereinfacht, als dass der Durchmesser der Muskelfibrillen im Vergleich zum Rest des Modells stärker vergrößert wurde, somit der Beobachter einen klaren Überblick über den Aufbau erhält und sich die reale Faser mit dem Wissen aus Kapitel 2.1.4 optimal vorstellen kann. Zudem machen Kontraste in der farblichen Gestaltung des Modells den Aufbau bildlich besonders einprägsam, da dadurch eindeutig zwischen den verschiedenen Bestandteilen (vgl. Kapitel 2.1.4) differenziert werden kann.

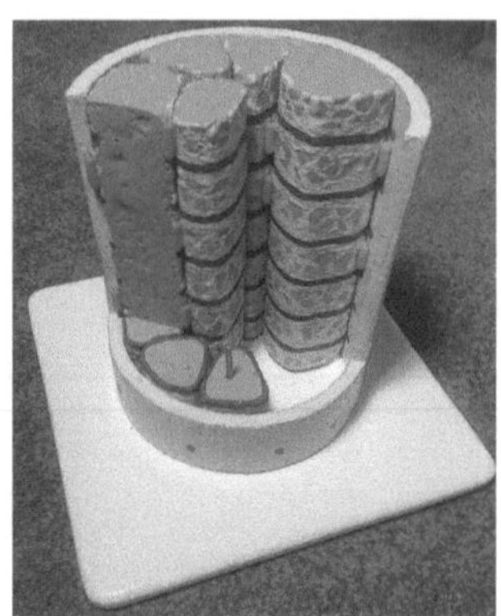

Abb. 6: Modell ohne entnehmbare Teile

Darüber hinaus besitzt das Modell die Option, drei der insgesamt zehn umschlossenen Muskelfibrillen zu entnehmen. Bei einer Fibrille lässt sich der obere Teil abnehmen und zwei weitere Myofibrillen wurden an einem tieferen Punkt als die anderen abgeschnitten. Abb. 6 zeigt das Modell nachdem die drei entnehmbaren und das abnehmbare Teil entfernt wurden. Insgesamt verfolgt das Modell das Ziel, dem Betrachter das Verstehen des Grundgerüsts der Muskelfaser zu erleichtern.

3.2 Von der Idee zum Modell

3.2.1 Der Modellbau

Der Weg des Modellbaus nach einer gedanklichen Vorlage begann mit der Materialauswahl. Einige verschiedene Stoffe, wie z. B. der „FIMO® Modelliermasse", dem leicht zu bearbeitenden „Balsaholz" oder einer Mischung von Glasfaser und Harz wurden getestet und verglichen. Aufgrund dessen, dass sich die beiden Materialien „Styropor" und „Styrodur" am besten bearbeiten ließen, wurde letztlich „Styropor" als Ausgangsstoff verwendet.
Im Folgenden wird die Vorgehensweise von Schritt zu Schritt beschrieben.

Schritt   Beschreibung

1   Ein Ausgangsquader wird aus einer Styroporplatte unter Verwendung von „UHU®
     por" und einem individuellen Apparat zum Schneiden von Styropor durch Hitze er-
     stellt (vgl. BMb. 1 u. 2).

2   Selbst angefertigte Kreis-Schablonen (vgl. BMb. 3) werden beidseitig am Ausgangs-
     quader angebracht (vgl. BMb. 4), sodass mithilfe des Schneideapparates aus Schritt
     1 ein Zylinder, das Grundobjekt, zugeschnitten werden kann (vgl. BMb. 5).

3   Die Grundplatte wird mit einer Stichsäge aus einer Sperrholzplatte ausgeschnitten
     und daraufhin an den Ecken und Kanten rundgeschliffen (vgl. BMb. 6).

4   Zwei weitere, etwas kleinere Kreis-Schablonen werden angefertigt und wie in
     Schritt 2 angebracht (vgl. BMb. 7). Das Ausschneiden eines kleineren Quaders, dem
     Innenraum, erfolgt (vgl. BMb. 8). Hierbei muss der Außenraum an einer Stelle
     durchschnitten werden.

5   Nach dem Skizzieren der Umrisse der Muskelfibrillen auf dem inneren Zylinder (vgl.
     BMb. 9) und erneutem Erstellen von Schneideformen (vgl. BMb. 10) werden die
     Grundstrukturen der Fibrillen zugeschnitten (vgl. BMb. 11 u. 12) und daraufhin ge-
     schliffen (vgl. BMb. 13).

6   Das Anbringen von 5-Minuten-Epoxydharz an der in Schritt 4 im Sarkolemm-Objekt
     (Außenraum) entstandenen Öffnung schließt diese wieder. Außerdem wird eine
     neue Öffnung erstellt, die später den seitlichen Einblick in die Muskelfaser gewäh-
     ren soll (vgl. BMb. 14).
     Eine erste (wie sich herausstellen wird überflüssige) Bemalung des Sarkolemm-
     Objekts wird vorgenommen (vgl. BMb. 15).

7   Die Fibrillen-Teile werden von mehreren Schichten 40-Minuten-Epoxydharz um-
     mantelt (vgl. BMb. 16 u. 17), um eine höhere Stabilität zu gewährleisten. Der dünn-
     flüssige Klebstoff verbindet die Teile dabei jedoch auch mit dem Untergrund, hier
     dem Papier (vgl. BMb. 18 u. 19). Nachdem der Klebstoff fest geworden ist, wird die-
     ser durch Schleifen wieder entfernt (vgl. BMb. 20). Neben der Standfläche werden
     auch die Beschichtungen feingeschliffen (vgl. BMb. 21).

8   Drei Fibrillen werden nach Ergebniswunsch markiert (vgl. BMb. 22) und mithilfe von
        scharfen Klingen, Lötkolben (vgl. BMb. 24) und dem Schneidemodul (vgl. BMb. 23)
        so bearbeitet, dass sie deutlich tiefer liegen als die anderen Myofibrillen (vgl. BMb.
        25). Ein neuer Anordnungsplan entwickelt sich (vgl. BMb. 26).

9   Lücken und Löcher in der Harz-Schicht der Muskelfibrillen und der des Sarkolemms
        (vgl. BMb. 27) werden markiert (vgl. BMb. 28), mit 5-Minuten-Epoxydharz aufgefüllt
        und wieder geschliffen.

10   Vor dem Bemalen werden die Teile mit feinen Tüchern gereinigt (vgl. BMb. 29).

11   Mehrere individuell gemischte Farben (vgl. BMb. 31) werden bei der Bemalung der
        Fibrillen (vgl. BMb. 32) und des Sarkolemms (vgl. BMb. 33) genutzt. Alle Objekte be-
        finden sich hierbei auf speziell angefertigten Plattformen (vgl. BMb. 30).

12   Das Aufsprühen von Glanzlack (vgl. BMb. 34 u. 35) verleiht den Teilen ein ansehnli-
        cheres Erscheinungsbild.

13   Das Bemalen der Grundplatte funktioniert nicht (siehe Kapitel 3.2.2, BMb. 36-39),
        worauf die Plattform schlicht weiß lackiert wird (vgl. BMb. 40).
        BMb. 41 u. 42 zeigt eine Abbildung des Zwischenergebnisses bis zu diesem Schritt.

14   Etliche Versuche, die L-Systeme auf die Fibrillen aufzumalen scheitern (siehe Kapitel
        3.2.2, BMb. 45-49), sodass die longitudinalen Tubuli per Hand aufgemalt werden
        müssen (vgl. BMb. 53 u. 54). Zuvor werden die Bereiche der L-Systeme gekenn-
        zeichnet (vgl. BMb. 50 u. 51) und die Unterseiten der Fibrillen bemalt (vgl. BMb.
        52).

15   Anschließend wird der Bereich des T-Systems skizziert (vgl. BMb. 55) und in einem
        blauen Farbton aufgetragen (vgl. BMb. 57). Sämtliche Notizen zu den Mischverhält-
        nissen, Abständen und der weiteren Vorgehensweise bildet BMb. 56 ab.

16   Siehe Schritt 12 (vgl. BMb. 58).

17   Durch das Bemalen hat sich der Umfang der Fibrillen vergrößert. Daher müssen die-
        se nun teilweise erneut abgeschliffen (vgl. BMb. 59), gereinigt, stellenweise wieder
        bemalt (vgl. BMb. 62) und zuletzt, soweit es sich nicht um ein entnehmbares Teil
        handelt, durch Epoxydharz miteinander verbunden (vgl. BMb. 60 u. 63) werden.

18   BMb. 61 zeigt das aktuelle Zwischenergebnis. Der verbundene Innenraum (Fibrillen-gefüge) wird nun in das Gehäuse (Sarkolemm) geklebt. Im Anschluss daran wird das gesamte Objekt auf der Grundplatte befestigt.

19   Zuletzt wird Detailarbeit, wie die Herstellung und Anbringung der Mitochondrien (vgl. BMb. 64 u. 65), das Einfügen eines Aufsteckstabes für die teilbare Fibrille (vgl. BMb. 66 u. 67) und das Aufmalen der Einstülpungen des Sarkolemms (vgl. BMb. 68) vorgenommen.

3.2.2 Probleme und Lösungen

Ein erstes Problem trat beim Bemalen der Grundplatte (vgl. BMb. 36) auf. Dadurch, dass die Holzplatte mit dem Heißluftföhn getrocknet wurde (vgl. BMb. 37), entstanden aufgrund von zu hoher Temperatur tiefe Einkerbungen in der Farbschicht (vgl. BMb. 38). Unter aufwendigem Schleifen bildeten sich diese Rillen langsam wieder zurück (vgl. BMb. 39). Die Platte wurde dann mit weißem Sprühlack lackiert (vgl. BMb. 40).

Das Aufmalen der L-Systeme brachte das nächste Problem mit sich. Es wurde versucht, unterschiedlich große Kreise aus einem Isolierband auszuschneiden, aufzukleben, mit der Farbe des L-Systems darüber zu malen und die Punkte wieder abzuziehen (vgl. BMb. 45) - eine Arbeit, die Wochen dauern würde. Selbst die Versuche mit selbstständig ausgestanzten (vgl. BMb. 49) und mit maschinell hergestellten (vgl. BMb. 47) Kreisen scheiterten (vgl. BMb. 48). Letztlich wurden die L-Systeme von Hand in einem Zeitraum von mehreren Stunden (ca. 8) aufgemalt.

Eine dritte Problematik ergab sich beim Fertigstellen des Modells. Durch die hohe Anzahl an Farbschichten sind zwei der entnehmbaren Fibrillen so eng angeordnet, dass die Farbe beim Entnehmen und Einfügen verkratzt. Es wurde nun versucht, die Reibung durch einen Gleit-, Trenn- und Schutzlack zu vermindern (vgl. BMb. 69). Der Effekt war jedoch kaum bemerkbar.

4 Zusammenfassung

Abschließend lässt sich sagen, dass die menschliche Muskulatur, wie bereits erwähnt wurde, zu komplex ist, um ihre Struktur oder Funktionsweise jemals komplett zu verstehen. Dennoch wurde gezeigt, dass einige Prozesse trotzdem durchschaubar sind. Anhand des Modells kann der Aufbau der Skelettmuskelfaser ziemlich genau begriffen werden, wobei man selbstverständlich auch hier noch tiefer in die Materie einsteigen könnte.

Bewegungsabläufe finden im Innersten unseres Körpers statt, wobei der grundsätzliche Ablauf vom Impuls, der durch den Nerv (letztlich durch das Gehirn) ausgelöst wird, bis hin zur Bewegung bereits verständlich gemacht werden konnte. Dabei spielt jeder Bestandteil der Muskelfaser eine wichtige Rolle; mit dem Fehlen eines der genannten Komponenten wäre die Kontraktion undenkbar.

Letztendlich wird es zwar nie möglich sein die Gesamtheit aller Prozesse in unserem Körper zu erfassen, doch haben wir stets die Möglichkeit, mehr über uns selbst zu erfahren.

5 Abkürzungsverzeichnis

WbE. = Wörterbucheintrag (unter 7.1 nummeriert aufgeführt)

GA. = Grafischer Anhang (unter 7.2 nummeriert aufgeführt)

BMb. = Bild vom Modellbau (unter 7.3 nummeriert aufgeführt)

6 Quellenverzeichnis

6.1 Literatur

- Behringer, Michael/Behringer, Andreas: Muskelfasertypen. gefunden im Internet: http://www.sportanalytix.com/de/content/1049-muskelfasertypen.htm (Stand: 04.11.2013)

- Dober, Rolf: Muskelfasertypen. gefunden im Internet: http://www.sportunterricht.de/lksport/fasertyp1.html (Stand: 25.08.2013)

- DocCheck Medical Services GmbH (Hrsg.): Muskelfaser. gefunden im Internet: http://flexikon.doccheck.com/de/Muskelfaser (Stand: 12.09.2013)

- Marées, Horst de/Mester, Joachim: Sportphysiologie I, 2. Auflage. Frankfurt am Main/Salzburg/Aarau, 1991. S. 42-59, 64-69, 72-77, 157.

- Eichmann, Christian: Physiologischer Hintergrund. Skelettmuskulatur. in: Multimediale Simulationen physiologischer Grundprozesse und ihre Einbettung in interaktive Lernsysteme. Marburg, 1998. gefunden im Internet: http://archiv.ub.uni-marburg.de/diss/z1999/0440/html/ (Stand: 03.11.2013)

- Hartmann, Holger (Hrsg.): Muskelfasern. Muskelfasern, Isoformen und Nomenklatur. gefunden im Internet: http://www.natural-bb.de/phpBB_CMS/index.php?cat=3&topic=1866&post=17204 (Stand: 07.08.2013)

- Heinichen, Markus Gerd: Insulin - like Growth Factor - 1, Mechano Growth Factor und Myosin Schwerketten Transformation beim Krafttraining. Ulm, 2005. S. 1-3. gefunden im Internet: http://vts.uni-ulm.de/docs/2006/5590/vts_5590_7343.pdf (Stand: 08.11.2013)

- Laube, Wolfgang (Hrsg.): Sensomotorisches System: Physiologisches Detailwissen für Physiotherapeuten. Stuttgart, 2009. S. 86, 88.

- Tripp, Eduard (Hrsg.): Aufbau von Muskel und Muskelfaser (2). Die willkürliche Muskulatur (Skelettmuskulatur). gefunden im Internet: http://www.shiatsu-austria.at/einfuehrung/wissen_75a.htm (Stand: 12.09.2013)

- Weineck, Jürgen: Sportbiologie, 10., überarb. und erw. Auflage. Balingen, 2009. S. 38-43, 46/47, 62-67.

- Wikimedia Foundation Inc. (Hrsg.): Muskulatur. gefunden im Internet: http://de.wikipedia.org/wiki/Muskulatur (Stand: 02.06.2013)

6.2 Abbildungen

Nr.	Seite	Unterschrift	Quelle
1	5	Grober Aufbau eines Muskels	Baas, Jens (Hrsg.). gefunden im Internet: http://www.tk-logo.de/cms/bilder/a.312606.2/80/0/0/dcb6c8c2/Muskel_Grafik_schrift.jpg (Stand: 15.03.2013)
2	6	Vergleich Muskelfasertypen	Behringer, Michael/Behringer, Andreas. gefunden im Internet: http://asset1.sportanalytix.com:8080/newsimg/img_76.jpg (Stand: 06.07.2013)
3	8	Querschnitt einer Skelettmuskelfaser	verändert nach William F. Ganong: Review of medical physiology. 15th Edition. Prentice-Hall International (UK) Limited. London, 1991.
4	11	Der Querbrückenzyklus	verändert nach WEBER, U. (Hrsg.): Ablauf einer Elementarkontraktion: Vereinfachte Zusammenfassung. Berlin, 2001. gefunden im Internet: http://www.biofachforum.ch/BIOPIC/humloes/musk21.JPG (Stand: 06.11.2013)
5	13	Modell mit Beschriftungen	Stefan Berktold
6	14	Modell ohne entnehmbare Teile	Stefan Berktold

7 Anhänge

7.1 Wörterbuch

Eintrag	Ergänzung
1	Unter *Muskelkontraktion* versteht man die Verkürzung bzw. das Zusammenziehen eines Muskels, was den aktiven Vorgang einer Muskelbewegung darstellt. Sie hat den Aufbau einer Spannung durch Energieverbrauch zur Folge. Die benötige Energie wird durch das Abspalten eines Phosphatmoleküls (P) am Energiespeicherstoff Adenosintriphosphat (ATP) frei. Der Gegensatz zur Kontraktion ist die *Muskelrelaxion*. Sie beschreibt die passive Bewegung und damit die Entspannungsphase. hierzu: *kontrahieren*
2	Die *umschließenden Schichten* werden in das Epimysium, das Perimysium und das Endomysium unterteilt.
3	*Mitochondrien* (die „Kraftwerke der Zelle") sind Zellorganellen, die für die Bildung von ATP (vgl. WbE. 1) und deshalb für die Energieversorgung der Zelle zuständig sind. Durch den Abbau von Glukose wird ATP synthetisiert und der Zelle bereitgestellt. Man bezeichnet diesen Vorgang als Zellatmung bzw. aeroben Stoffabbau ($\rightarrow$ Sauerstoff wird benötigt). Die Mitochondrien der Skelettmuskulatur werden auch Sarkosomen genannt.
4	*Myoglobin* ist ein Protein (Eiweißstoff), das für den Sauerstofftransport in der Zelle (hier: in der Muskelzelle) zuständig ist. Seine Fähigkeit, Sauerstoffmoleküle binden zu können, ermöglicht die Versorgung der Mitochondrien mit Sauerstoff. Myoglobin (roter Muskelfarbstoff) „besitzt außerdem eine höhere Sauerstoffaffinität als [...] Hämoglobin (=roter Blutfarbstoff)"[19].
5	Das *Sarkoplasma* entspricht dem Zellplasma (auch Zyto-/Cytoplasma) gewöhn-

---

19 Marées/Mester, 1991, S. 47

licher Eukaryoten. Es bezeichnet eine flüssige Grundstruktur, die unter ande-
rem auch das feste Cytoskelett enthält und so für die Festigkeit und Bewegung
der Zelle sorgt.

6   *Glykogen* ist ein Polysaccharid bzw. Vielfachzucker, das der Speicherung von
Kohlenhydraten dient. Es stellt den Mitochondrien den Energieträger Glukose
(= Monosaccharid bzw. Einfachzucker) bereit und ist somit an der Energiever-
sorgung beteiligt. Glykogen wird auch „tierische Stärke" genannt.

7   *Diffusion* bezeichnet den physikalischen Vorgang des Ladungsausgleiches zwischen zwei oder mehreren Bereichen. GA. 5 veranschaulicht bildlich den Ablauf
des Diffundierens, indem zunächst zwei getrennte Bereiche vorhanden sind,
sich die Teilchen aber vermischen nachdem die Trennwand durchlässig gewor-
den ist.
hierzu: *diffundierbar, diffundieren*

7.2 Grafiken

Nummer	Grafik und Quelle
1	Tabelle 1: Übersicht über die Fasertypen des Skelettmuskels und wichtige Eigenschaften, insbesondere Vorkommen beim Mensch oder beim Nagetier, Kontraktionseigenschaften, Ermüdbarkeit und Stoffwechseleigenschaften. Nach (5,46). (MHC: Myosinschwerketten) <table><tr><td>Fasertyp</td><td>I</td><td>IIA</td><td>IID (2X)</td><td>IIB</td></tr><tr><td>Vorkommen</td><td>Mensch / Nagetier</td><td>Mensch / Nagetier</td><td>Mensch / Nagetier</td><td>nur Nagetiere</td></tr><tr><td>Vorherrschende MHC-Isoform</td><td>I</td><td>IIa</td><td>IId (2x)</td><td>IIb</td></tr><tr><td>Kontraktionstyp</td><td>langsam</td><td>schnell</td><td>schnell</td><td>sehr schnell</td></tr><tr><td>Ermüdbarkeit</td><td>niedrig</td><td>mittel</td><td>hoch</td><td>sehr hoch</td></tr><tr><td>Blutfluss</td><td>hoch</td><td>hoch</td><td>niedrig</td><td>niedrig</td></tr><tr><td>Stoffwechsel</td><td></td><td></td><td></td><td></td></tr><tr><td>ATPase Aktivität</td><td>niedrig</td><td>mittel</td><td>hoch</td><td>hoch</td></tr><tr><td>Spiegel energiereicher Phosphate</td><td>niedrig</td><td>mittel</td><td>hoch</td><td>hoch</td></tr><tr><td>Glykolytische Kapazität</td><td>niedrig</td><td>mittel</td><td>hoch</td><td>hoch</td></tr><tr><td>Oxidative Kapazität</td><td>hoch</td><td>hoch</td><td>mittel</td><td>niedrig</td></tr><tr><td>Fettstoffwechsel</td><td>hoch</td><td>mittel</td><td>niedrig</td><td>niedrig</td></tr></table> Hartmann, Holger (Hrsg.): Nomenklatur. gefunden im Internet: http://www.natural-bb.de/team/Nomenklatur.JPG (Stand: 06.11.2013)
2	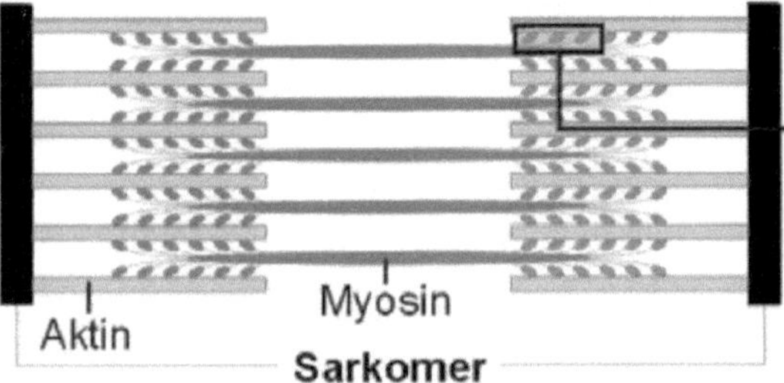Schematischer Aufbau eines Sarkomers. in: Heinichen, Markus Gerd: Insulin - like Growth Factor - 1, Mechano Growth Factor und Myosin Schwerketten Transformation beim Krafttraining. Ulm, 2005. S. 1. gefunden im Internet: http://vts.uni-ulm.de/docs/2006/5590/vts_5590_7343.pdf (Stand: 29.07.2013)
3	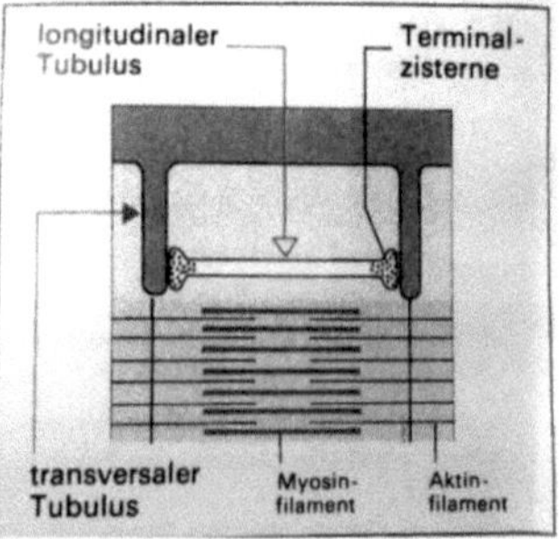

	Ausbreitung der Erregung in das Sarkomer. in: Marées, Horst de/Mester, Joachim: Sportphysiologie I, 2. Auflage. Frankfurt am Main/Salzburg/Aarau, 1991. S. 56
4	Sarkolemm · Mitochondrium · transversaler Tubulus · Fibrillen · terminale Zisternen · sarkoplasmat. Retikulum · (Nach *Schmidt*) · ◻ 46: Aufbau der Skelettmuskelfaser Schmidt: Aufbau der Skelettmuskelfaser. in: Marées, Horst de/Mester, Joachim: Sportphysiologie I, 2. Auflage. Frankfurt am Main/Salzburg/Aarau, 1991. S. 46
5	(1) (2) (3) Jkrieger: Modellhafte Darstellung der Durchmischung zweier Stoffe durch Diffusion. gefunden im Internet: http://upload.wikimedia.org/wikipedia/commons/a/ad/Diffusion_%281%29.png (Stand: 08.11.2013)

7.3 Bilder vom Modellbau

Alle unter 7.3 aufgeführten Bilder wurden vom Verfasser dieser Arbeit selbst erstellt.

Nummer	Bild	Nummer	Bild
1		6	
2		7	
3		8	
4		9	
5		10	

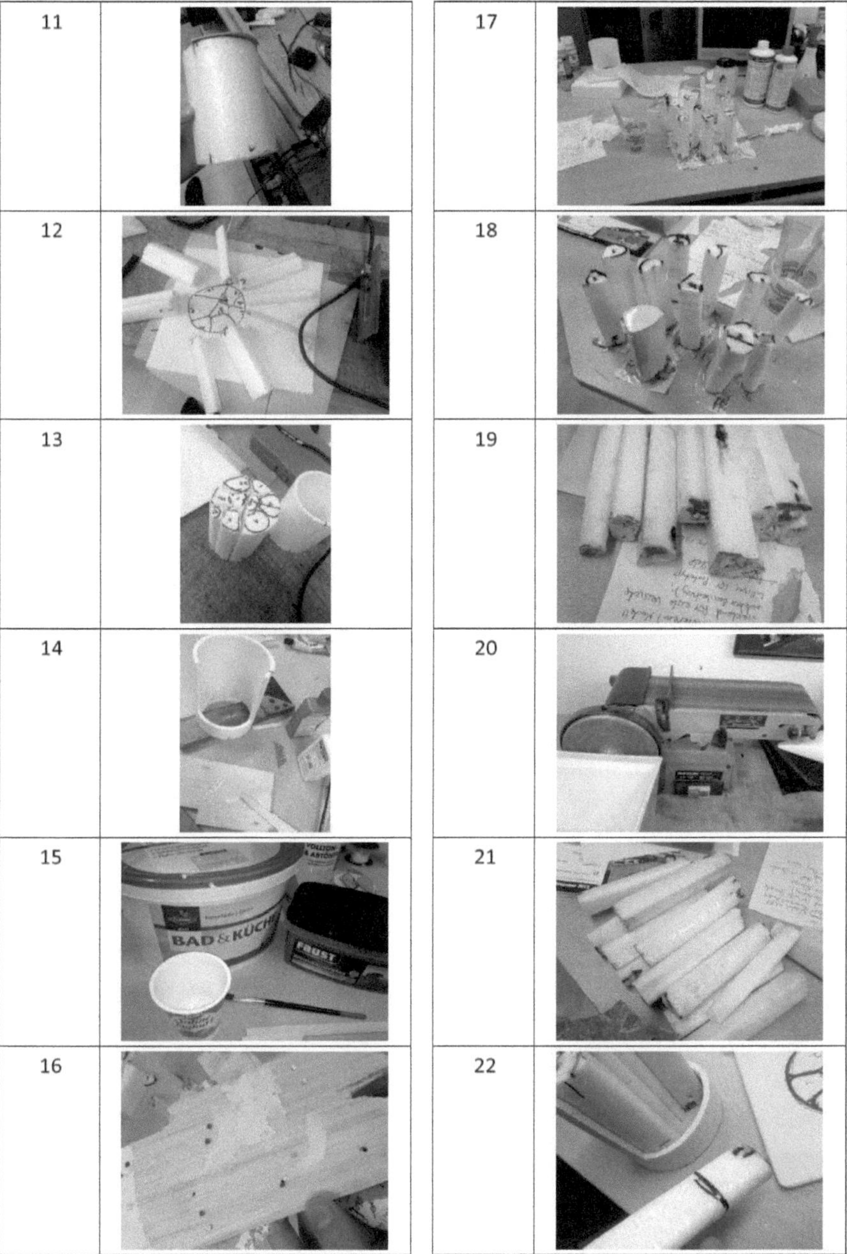

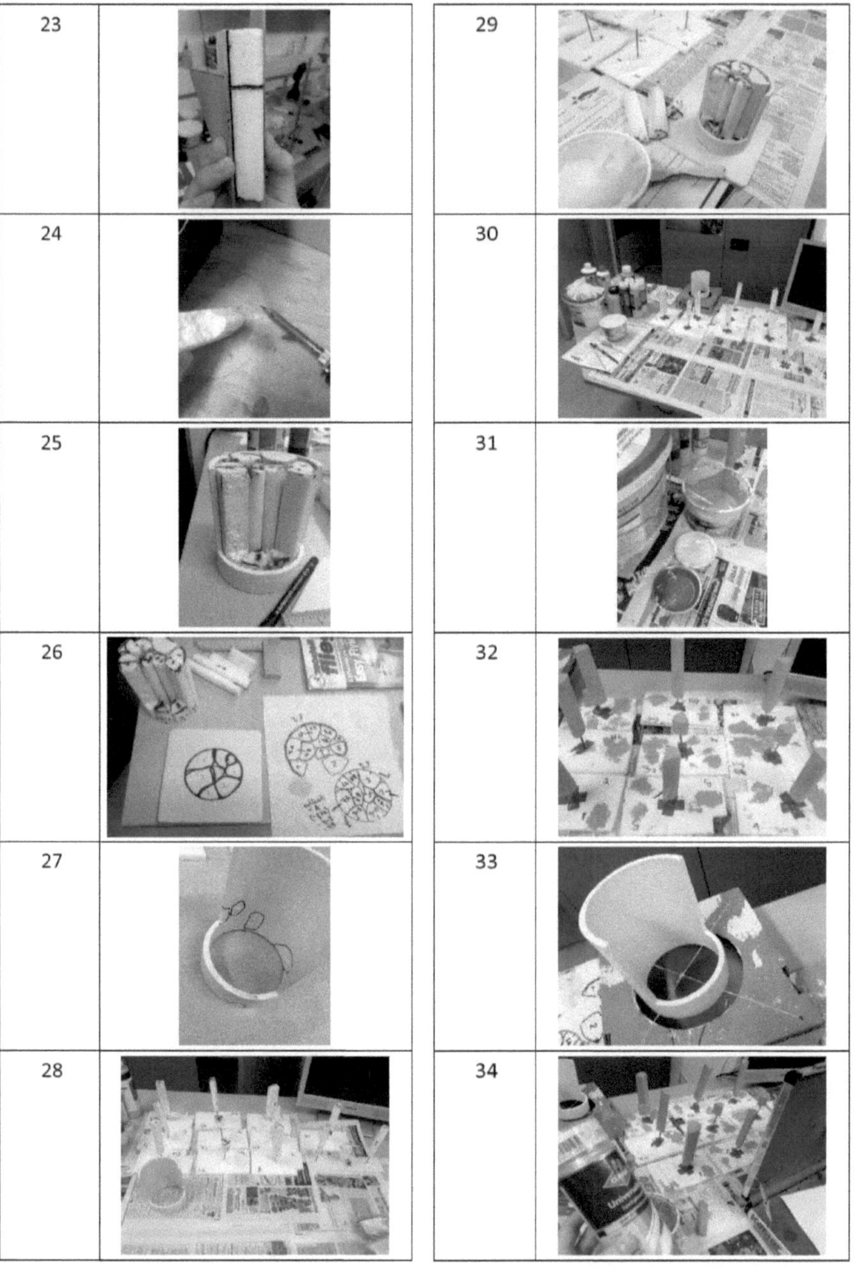

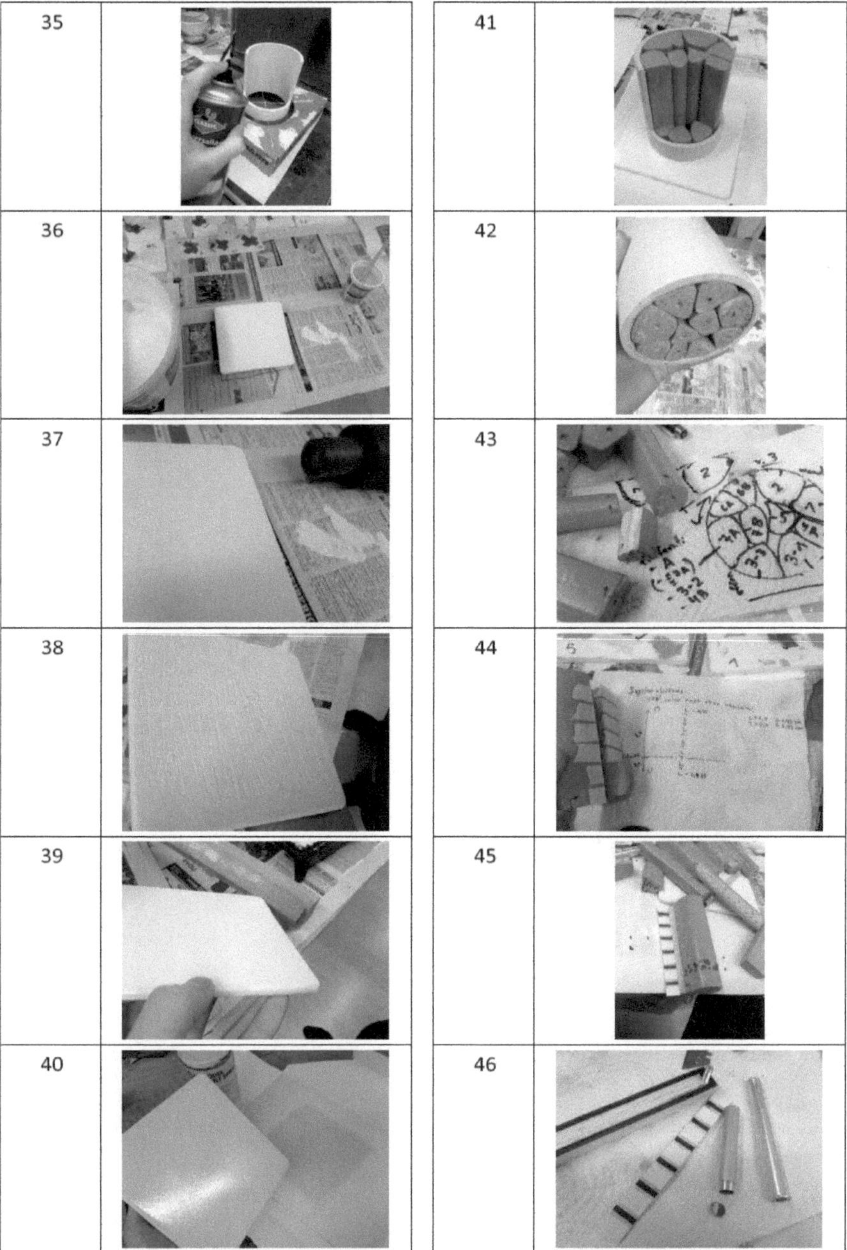

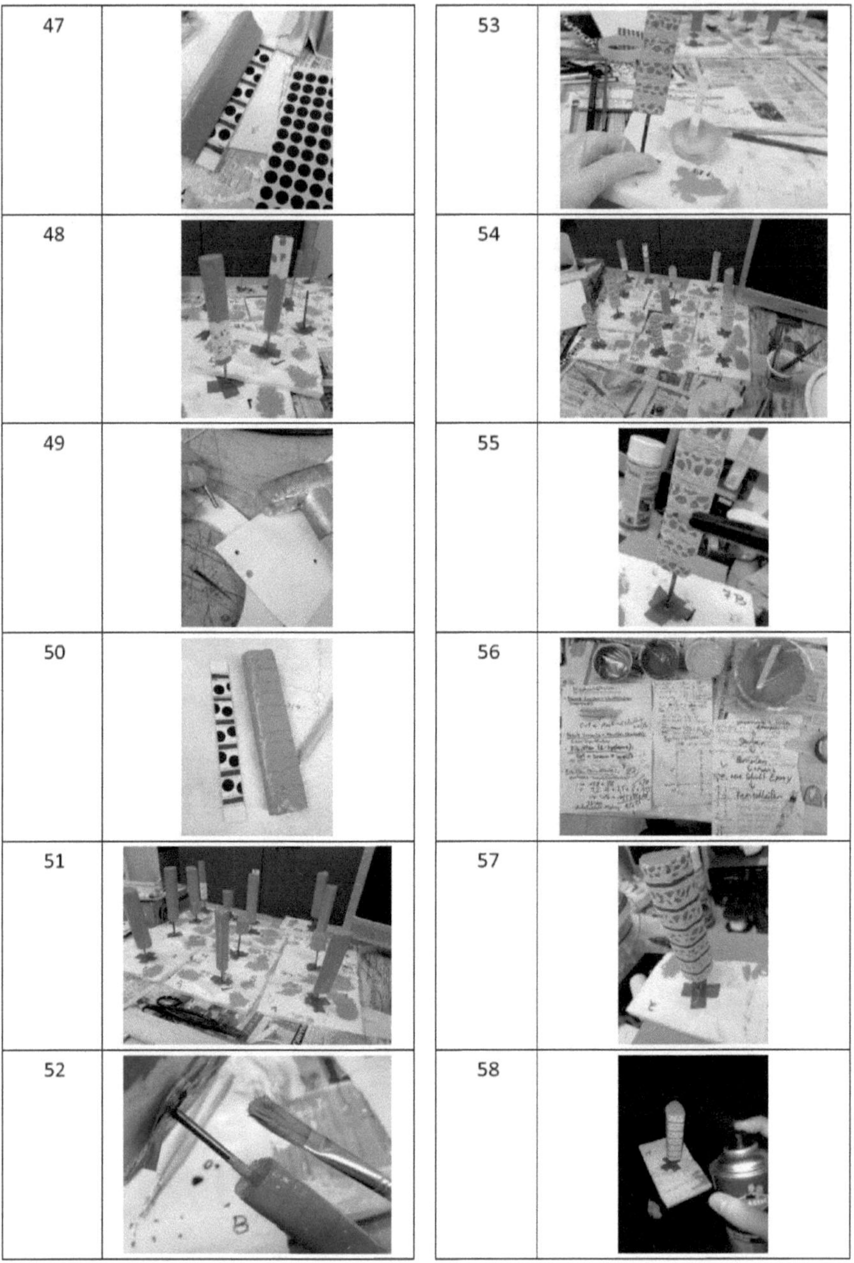

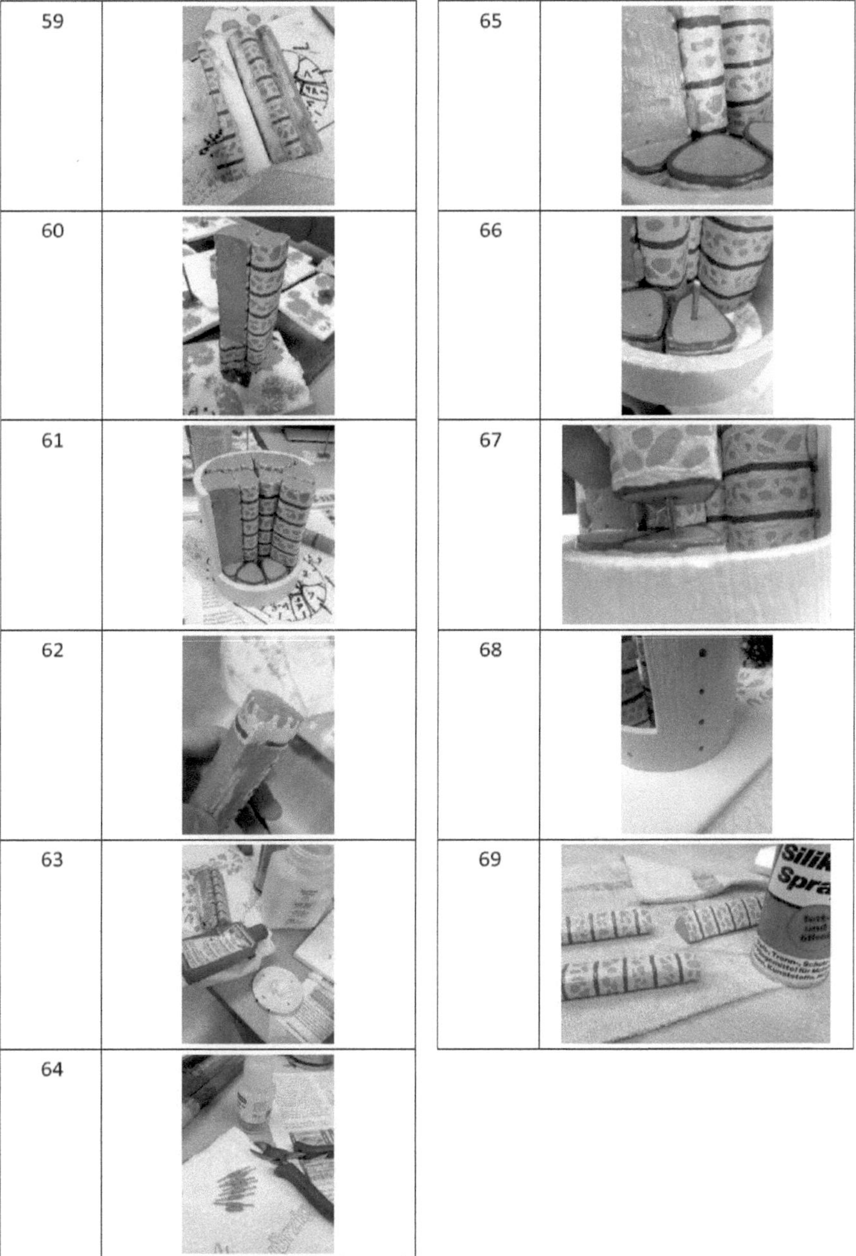

Silik
Spra

BEI GRIN MACHT SICH IHR WISSEN BEZAHLT

- Wir veröffentlichen Ihre Hausarbeit,
  Bachelor- und Masterarbeit

- Ihr eigenes eBook und Buch -
  weltweit in allen wichtigen Shops

- Verdienen Sie an jedem Verkauf

Jetzt bei www.GRIN.com hochladen und kostenlos publizieren

GRIN